探月与航天工程中心　湖南大学　联合编撰

九天揽月

中国探月20周年纪念

编著

郭修远　高　磊　帅智康

绘

马超民　张　极　杨舒然

湖南大学出版社

· 长沙 ·

前言

PREFACE

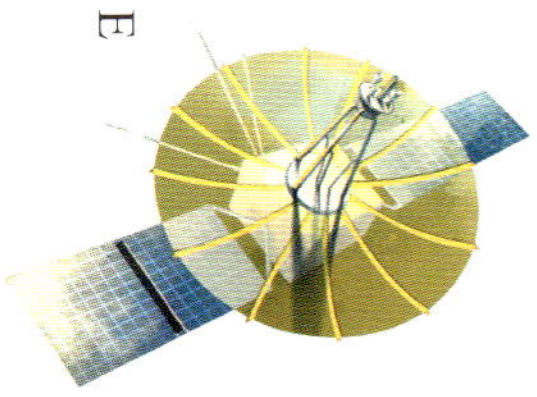

本书创作于中国正式开展月球探测工程 20 周年之际，聚焦嫦娥工程的“无人月球探测”阶段，讲述嫦娥一号到嫦娥五号期间的中国探月实迹，展现了中国探月从零开始，发展到举世瞩目的非凡历程。全书内容丰富、以小见大、韵味悠长，既介绍了中国探月工程的概况，绕月探测、落月勘察、采样返回任务，以及运载火箭、发射场、测控与回收、地面应用等工程组成系统，又诠释了中国航天事业的精神和坚守。本书编写的初衷有三：一是落实航天科技素质教育，引导读者认知宇宙；二是倡导中国航天精神，激发读者不懈探索、持之以恒的学习动力；三是引导读者树立强国之志，自觉肩负强国使命。

本书图文结合，融科普知识之真与艺术插图之美于一体。书中每一幅配图均为手绘，创作者以厚涂油画作为主要表现技法，将写实与概括的笔触巧妙融合，赋予了画面独特的艺术质感。当您翻开这本书，您将置身于一个充满科技魅力的场景中，各型航天器跃然纸上。如月球车的插图，其独特构型、车体特殊材质的光泽与质感等，均被细腻地刻画出来。这些配图并非简单的艺术创作，它们以专业视角，为读者还原了中国探月征程中的关键节点与技术突破，将抽象的航天知识具象化，让您在欣赏插图艺术之美的同时，深入了解中国探月工程的发展脚步。

本书定稿之时，恰值举世瞩目的嫦娥六号完成采样并成功返回。然因出版周期所限，未能将此盛举纳入书中详述，诚为憾事。但嫦娥六号所承载的勇于探索、攻坚克难之精神，将如熠熠星辰，闪耀当下、更待来者。本书由探月与航天工程中心和湖南大学联合编撰，特此向所有参编单位、航天专家及创作团队致以诚挚谢意。

书中如有不妥之处，欢迎读者批评指正。期待未来与中国探月新成就共同续写寰宇新篇。

本书编委会

2025 年 5 月

九天揽月

目录

CONTENTS

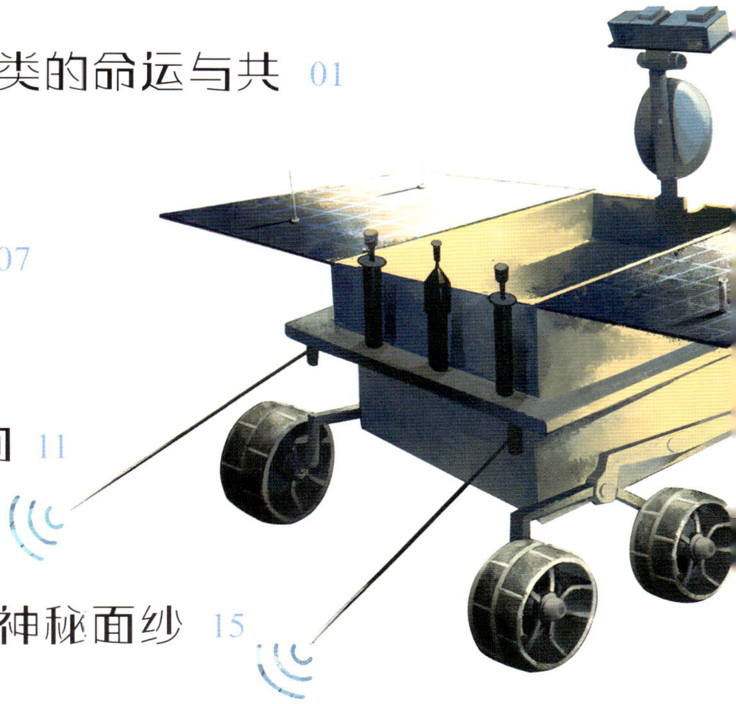

1 是星辰大海 也是人类的命运与共 01

2 揭秘卫星恒温之谜 07

3 星辰大海是心之所向 11

4 探秘月球地质 揭开神秘面纱 15

5 飞越“战神” 浩渺星河中的奇遇 19

6 星球着陆者 27

7 惊心动魄的 720 s 33

8 梦想的星辰 勇者的征程 37

9 步履不停 行走在月球 43

10 太空中的“眼睛” 49

11 鹊桥星座起 天堑变通途 51

12 为什么人类要到月球“取宝” 57

13 穿越太空 获取月球的礼物 59

14 星空下的回归之旅 63

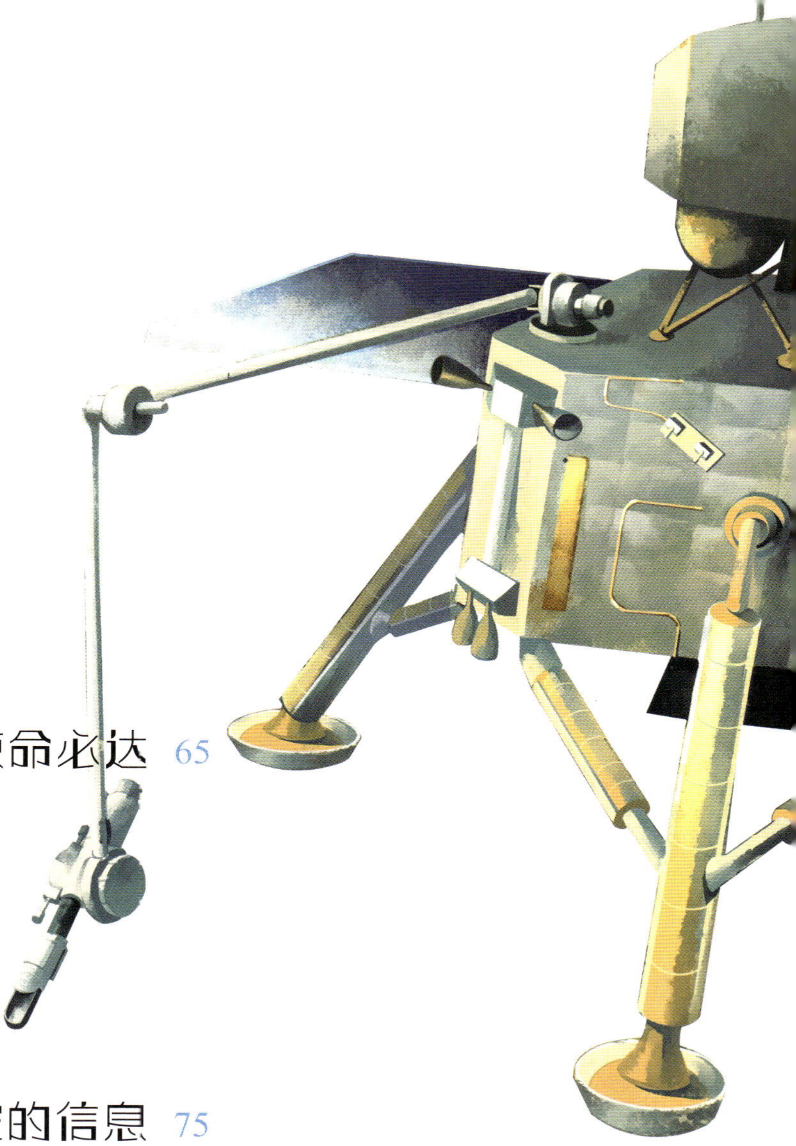

15 地月之间 奔月摆渡车使命必达 65

16 探月征程中的大力士 69

17 牧箭逐星 捕获来自深空的信息 75

18 精准测控 回到地球母亲的怀抱 79

19 样品变身 定格月球之美 82

20 见证探月脚步 月球上的中国印记 86

特别篇 中国探月永不止步 91

1 是星辰大海 也是人类的命运与共

中国的探月工程非搞不可，不搞会丧失良机

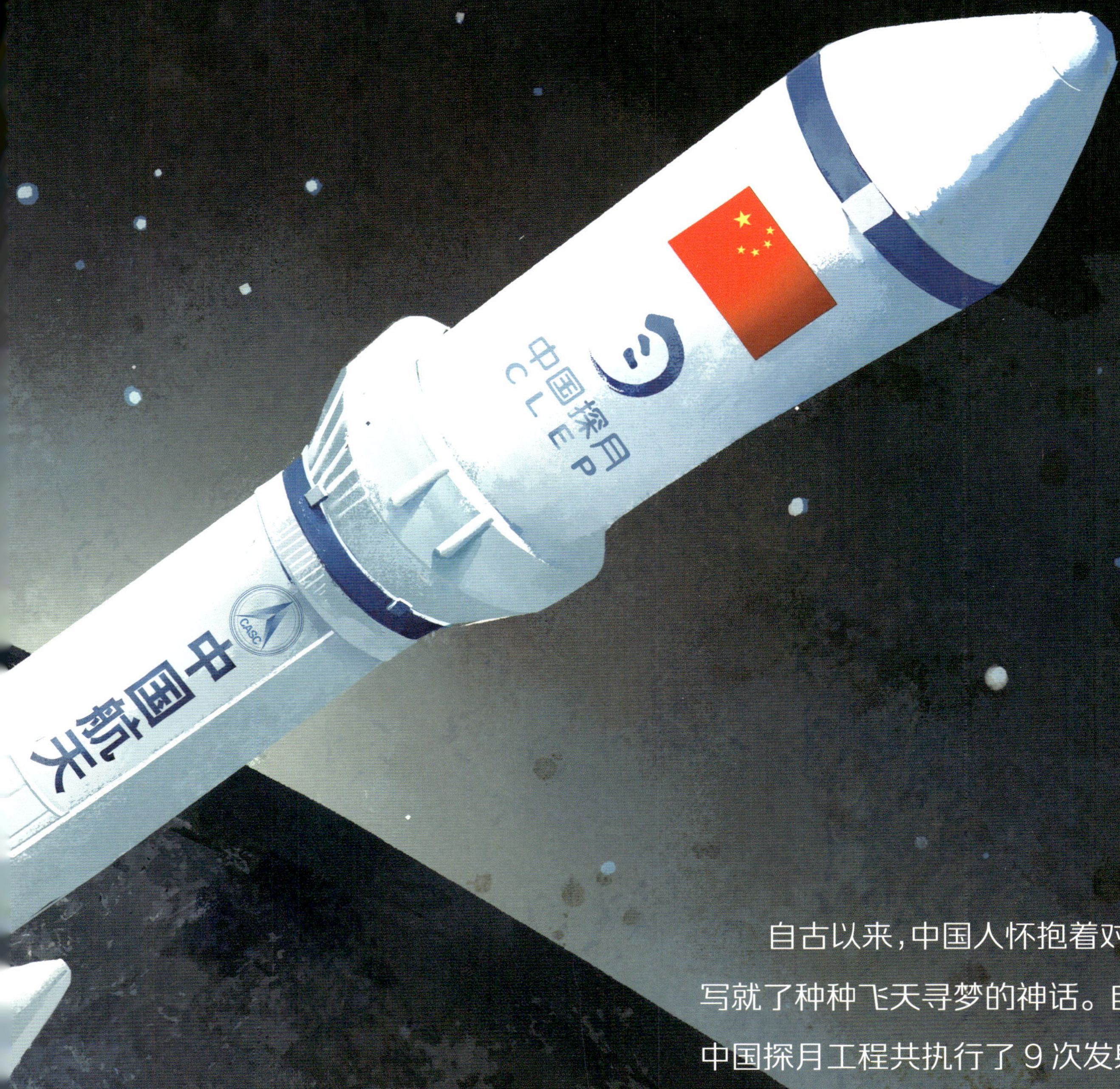

自古以来，中国人怀抱着对月球的向往，写就了种种飞天寻梦的神话。自 2007 年起，中国探月工程共执行了 9 次发射任务，累计发射 7 个卫星 / 探测器、2 个中继星，建设了发射与回收系统、测控系统。在几代航天人的努力与坚守之下，实现了从仰望星空到拥抱星空的跨越。

2004 年，国务院批准绕月探测工程正式立项，命名为“嫦娥工程”。“嫦娥工程”由工程总体以及探测器、运载火箭、发射场、测控（测控与回收）、地面应用等五大系统组成。从此，“嫦娥”从古代神话走入现代社会，成为中国航天的“新名片”。

2007 年，嫦娥一号实现“绕”月。

2013 年，嫦娥三号携玉兔号“落”月。

2020 年，嫦娥五号返回器携带月球样品“回”到地球，这标志着中国探月工程“绕、落、回”三步走规划圆满收官。

习近平总书记指出：“探索浩瀚宇宙，发展航天事业，建设航天强国，是我们不懈追求的航天梦。”未来我们还将实施多项深空探测工程，如小行星探测、火星采样返回、木星系及行星际穿越探测等。我国的探月工程致力于推动基础科学、高新技术等方面的创新，提高我国的航天技术能力与水平，为人类社会的持续发展做出贡献。

“地球是人类的摇篮，但是人类不可能永远生活在摇篮里”，从“奔月”到“揽月”，从跟跑到并跑再到领跑，中国航天人还将不断书写人类探月的新篇章。

2 揭秘卫星恒温之谜

我们的探测卫星，也需要被保护

由于月球周围没有大气层，月表温差可达到 300 ℃。

要知道，对人体最适宜的温度是 19~24 ℃，地球卫星的工作温度需要保持在 5~45 ℃，个别仪器的工作温度只允许在 1~2 ℃范围内变化。面对这么大的热辐射反差，卫星还能正常工作吗？

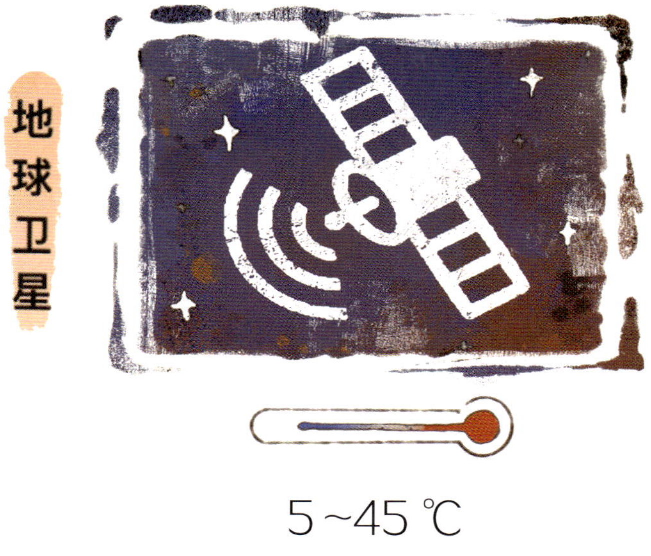

为了适应极端的环境，科学家们给卫星穿上了“冬暖夏凉”的“保温衣”，使用超级隔热材料和特殊散热材料等，让呈六面体形状的卫星能够在不同环境中正常工作。

此外，科学家们还开发了主动式**热控技术**。通过扩热板、电加热器和热敏电阻等装置，合理控制卫星内外部的热量交换，使其在光照区主动散热，在阴影区主动加热。这就像是在卫星上装了个“空调”。

正是有了科学家们的智慧和创新，卫星们才能在宇宙的极端环境中自如飞行。它们就像是宇宙中的探险家，穿越高温和严寒，时刻坚守着探索的使命。

3 星辰大海是心之所向

探月，其实是卫星在太空披荆斩棘

绕月探测卫星想要安全顺利地抵达月球，离不开一条神奇的**轨道**——地月转移轨道。这条轨道，是基于卫星、太阳、地球和月球间引力相互作用的引力规律而设计的。

从地球飞到月球，卫星会经历“以地球引力为主”，到“以月球引力为主”。因此，科学家们分两步走，设计了围绕地球运行的椭圆轨道、以月球为焦点的曲线轨道，再拼接成一条近似的地月转移轨道。

然而，并不是所有卫星都能顺着轨道抵达月球。这是因为卫星抵达月球的飞行时间，还受到在地月转移轨道近地点的速度的影响。**近地点速度**越低，到达月球的时间越长。当近地点速度低于 10.916 km/s 时，卫星就没办法抵达月球了。

嫦娥一号卫星是个“成功的英雄”。它乘着长征三号甲运载火箭，来到初始大椭圆轨道（调相轨道）。其近地点为 200 km，而远地点有 51 000 km。与运载火箭分离之后，它在这里运行约一天，再用自己的发动机进行加速，这就是所谓“轨道机动”。在不同的轨道上，轨道周期也在不断变长，从 16 h、24 h 到 48 h……2007 年 10 月 24 日嫦娥一号发射后，经过四次变轨，最终在 11 月 5 日到达环月轨道。

如今，多个像嫦娥一号这样的卫星都已经成功飞向了月球，其中蕴含着几代中国航天人的努力和坚守。

4 探秘月球地质 揭开神秘面纱

让中小学课本用上中国人自己拍的月球图像

月球作为夜间能直接观察到的最明亮的天体，引起了人类强烈的好奇心——月球上究竟是什么样的？2010 年 10 月 1 日，嫦娥二号顺利进入地月转移轨道，带领我们踏上环月之旅。

首先是探测月表物质成分。不同的矿物和岩石类型如同一本说明书，记录着月球在不同时期发生的火山活动、陨石撞击等重要事件。这些宝贵的信息都可以依靠其产生的 γ 射线和 X 射线传递出来，这些射线先进入嫦娥二号携带的光谱仪，再通过内部的相互作用转化为电信号，最后由科学家们对这些电信号进行分析。我们发现月球表面蕴藏着钛、铀、铁、锰、稀土元素等丰富的矿物资源。

接着是探测月球地形。嫦娥二号携带的激光高度计和CCD立体相机等仪器相互配合，测量月球表面的地势地形，并传回了7 m分辨率的全月球影像图。

高分辨率全月球影像图对科学家研究月球地质构造、月表物质成分的含量，探究月球起源与演化等有直接的科学价值和重要的参考作用。令我们惊叹的是，在这幅图上甚至可分辨出阿波罗11号登陆月球的遗迹。

至此，我国的中小学课本可以使用中国人自己拍的月球图像了。

5 飞越“战神” 浩渺星河中的奇遇

我们中国应该、也有能力飞得更远

广袤的太阳系中，除了人们熟知的八大行星，还有无数小行星在宇宙中穿梭。迄今为止，已有数十个深空探测器，肩负着人类的梦想，穿越星际，对各类小行星开展了多次探测活动。其中，嫦娥二号与图塔蒂斯小行星擦肩而过，更是令人瞩目。

图塔蒂斯小行星外形像个大鸡腿，不仅围绕着太阳运行，还会自身旋转，在太空中翻着跟斗。这可不是一个随时可见的家伙，1934 年它首次被发现，但很快便“消失”了，直到 1989 年才被法国天文学家再次发现，并以凯尔特神话中的战神“图塔蒂斯”为它命名。

最关键的是，图塔蒂斯基本每四年就会接近地球一次，最接近时离地球只有约 1 600 000 km。由于其运行距离与地球过于接近，因此被列入“潜在危险小行星名单”，这也使得此次探测任务具有显著的科学研究价值。

嫦娥二号与图塔蒂斯小行星的交会充满了挑战。由于嫦娥二号的核心任务是为即将负责“落月”的嫦娥三号探路，在任务完成后，嫦娥二号已超期服役。因此，本次与图塔蒂斯的交会首先就面临着推进剂不足、变轨能力有限的挑战。此外，嫦娥二号的地面测控设备本是为满足其主要任务需求而准备的，跟踪范围和数据传输能力有限，这也让它执行更深远的空间探测任务受到限制。

但真正的勇士敢于直面困难与挑战，嫦娥二号圆满地完成了拓展任务。2012 年 6 月 1 日，它从拉格朗日 L2 点出发，飞行约 195 天后，成功在距离地球约 7 000 000 km 的宇宙中，邂逅了这颗行迹匆匆的小行星。交会时，它们的相对速度达到了 10.73 km/s，相对距离仅 3.2 km 左右，在擦肩而过的瞬间，嫦娥二号永远地记住了这位“战神”的样子。

这次飞越“战神”的壮举，不仅是地球来客首次对图塔蒂斯进行近距离探测，也再次刷新了我国深空探测最远距离纪录，这意味着在迈向深空的征途上，中国航天人实现了研发、制造、应用能力的跃升。

如今，嫦娥二号已脱离地球引力的束缚，沿着椭圆形轨道，向着更远的星辰大海进发。正如中国航天人，追梦的脚步永不停歇。

6 星球着陆者

我们在太空中找寻一个支点

2013 年 12 月 14 日，中国首个在地外天体软着陆的航天器嫦娥三号平稳地降落在月球。这是自 1976 年苏联月球 24 号探测器登月后，人类航天器再次登临月球表面开展探测。

嫦娥三号带着三个任务：看地、观天、测月。

看地——等离子体层成像探测。等离子体层是一个环状的冷等离子体聚集区域，可以延伸到地球表面以上 40 000 km 左右，像“地球厚衣服”。嫦娥三号在世界范围内，首次在月球上实现了对地球等离子体层大视野、定点的极紫外观测和研究。

观天——开展光学天文探测。

月球是长时间观天的绝佳环境，既没有大气干扰和云层遮挡，又自转较慢。嫦娥三号携带的月基光学望远镜，白天工作，晚上“休息”，每天可获取 5 000 多幅星图数据。这台望远镜实现了人类首次依托地外天体平台开展的自主天文观测。

测月——探测月壤厚度、结构和月壳岩石结构。当玉兔号巡视器在月面行走时，其携带的测月雷达可以探测到月球地下 30 m 深土壤层的结构和超过 330 m 深的次表层岩石结构，这就可以绘制月球的地质剖面图，研究月球地质的演化过程，估算月球中的重要资源储量。

这次探测使我国成为第三个在月球表面成功实现航天器软着陆的国家。从此，中国在浩瀚宇宙里找到了一个月球支点。

7 惊心动魄的 720 s

眼前星光浩瀚，脚下万丈深渊

2013 年 12 月 14 日，我国发射的嫦娥三号探测器平安降落在月球表面，它的动力下降过程经过了惊心动魄的 720 s。在虹湾着陆的过程事关嫦娥三号的生死存亡，为此科学家制订了周密的计划。

首先，设立预选着陆区。制导、导航与控制（GNC）系统相当于嫦娥三号的指挥官，它通过一组敏感器和控制器，完成信息获取、指挥控制，再由着陆器的推进系统实施着陆。有了这些系统，嫦娥三号就可以“自力更生”，凭一己之力稳稳落在月球上。

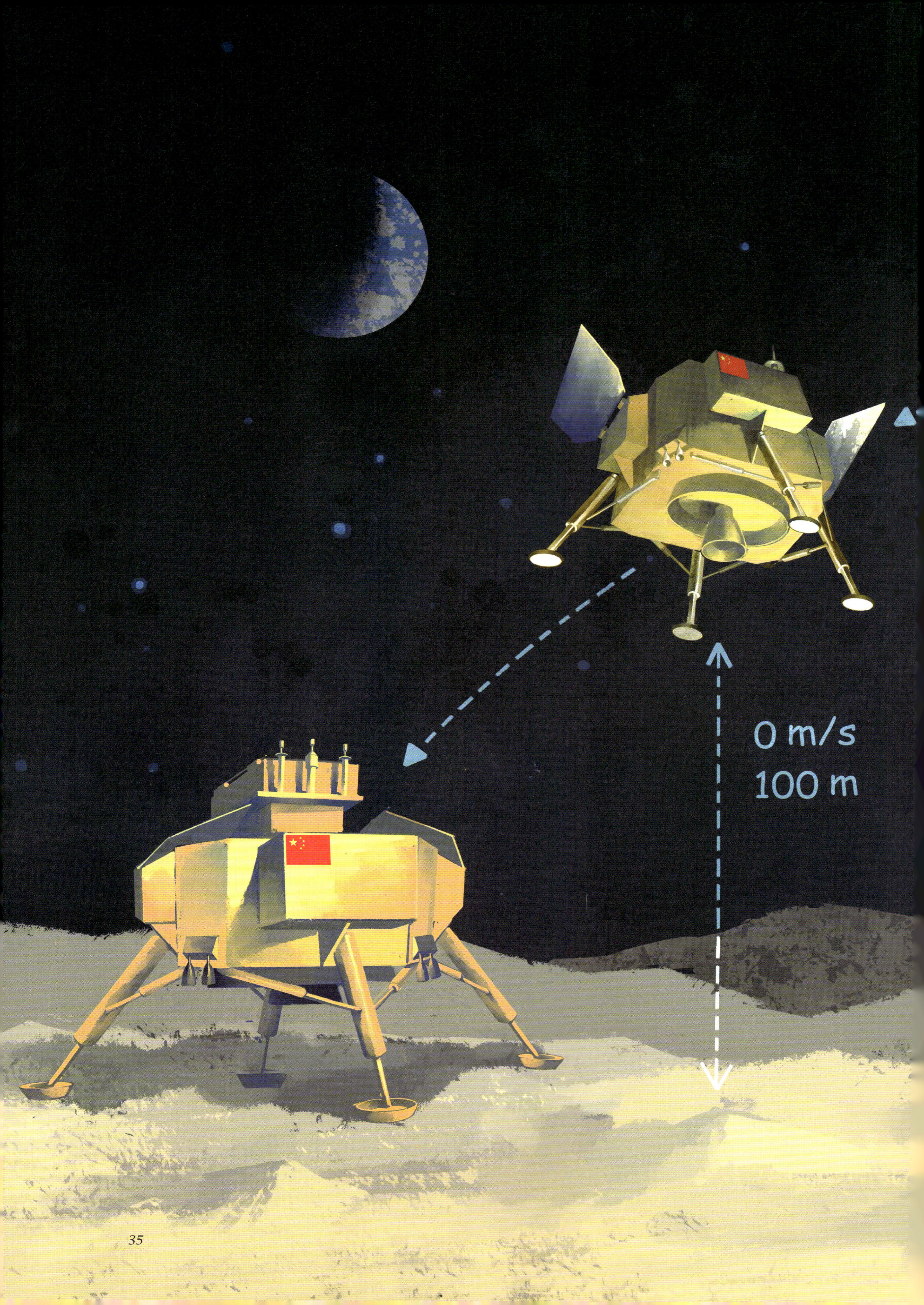
0 m/s
100 m

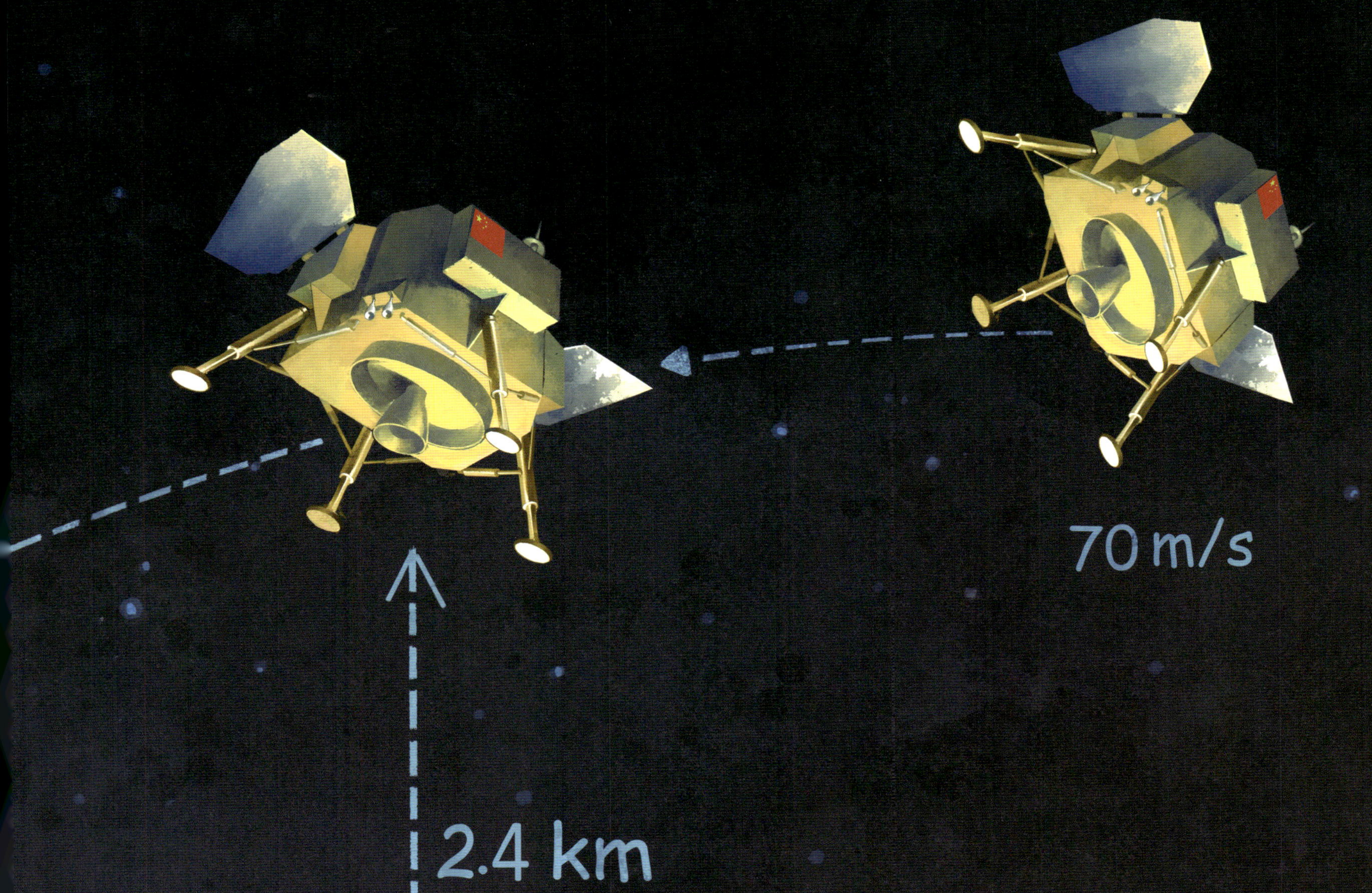

其次，嫦娥三号在 720 s 内勇闯了六个“关卡”。第一关减小飞行速度，把着陆器相对于月球的速度直接从 1.7 km/s 左右减小到 70 m/s 左右，从距离月面 15 km 下降到 3 km。第二关快速调整飞行姿态，在很短的时间内，着陆器将飞行姿态由接近水平状态调整为接近垂直状态。此时嫦娥三号距离月面只剩下 2.4 km 了。第三关接近着陆区，需要找到较大的安全着陆范围，并避开大障碍，此时距离月面高度只剩下大约 100 m，相对月面速度也接近 0 m/s。第四、五、六关就需要精确检测障碍、下降着陆了。先是悬停 30 s 左右保持姿势不变，再精确避开障碍，最后匀速下降。叮咚！闯关成功。最后的几个关卡加起来只有几十秒钟的时间，可谓是“步步惊心”。

8 梦想的星辰 勇者的征程

第一次代表中国踏上月球的，是一只“兔子”

玉兔号是我国研制的第一辆月面巡视器。名叫“玉兔”，外观却形似一只大螃蟹。别看外表呆萌，玉兔号具备自动驾驶、导航、地形识别、科学实验等多种功能，是一名能干的“探险家”。

登陆月球后，与着陆器分离是对玉兔号的一个考验。在自动控制系统的精准把控下，通过感应器探测两者间的距离和角度，玉兔号从约 2.2 m 高的着陆器顶端顺利到达月面。分离完成后，着陆器留在原地，而玉兔号则带着期望展开探测任务。

巨大的温差也是对玉兔号的严峻考验。白天，太阳直射月面的温度高达127 ℃；晚上，月面的温度则骤降至 -190 ℃。好在玉兔号自带了保温系统，它的“皮毛”（表面涂层）具有极佳的隔热性能，能够有效抵御寒暑。玉兔号还自带能源供应系统，其配备的太阳能电池板白天供电，到了月夜玉兔号休眠时，太阳能电池板就会合起来变成它的“小被子”，独立的低温蓄电池系统也会为它持续供电，帮它度过漫长而寒冷的月球夜晚。

2016 年 7 月 31 日，在月球上勤奋工作了 972 天的玉兔号停止了工作。在过去的 33 个月昼里，玉兔号成功绘制了人类历史上首幅月球地质剖面图。

9 步履不停 行走在月球

在月球上留下一个中国印迹

苍茫太空，一轮明月。1969 年 7 月 20 日，阿波罗 11 号飞船成功在月球着陆，宇航员阿姆斯特朗第一次在月球上留下了人类的足迹。然而，人类对于月球的探索并未就此止步，44 年后的 12 月 14 日，中国自主设计制造的玉兔号月球车在月球上成功着陆，在月球上留下了第一个属于中国的印迹。

玉兔号和它的妹妹玉兔二号是两只高科技的“兔子”。它们以带棘爪的筛网作为月球车车轮的胎面，可以一边行驶一边把月壤漏掉，使车轮始终“轻装上阵”。同时，六轮驱动和棘爪的设计，也让玉兔号们能轻松应对月面各种复杂地形，在月面稳步前行。

在理想的情况下，玉兔号们的行进速度可以达到每小时约 200 m。但是，月球上并没有好走的路，在遇见崎岖不平的地形或大石块时，科学家便会对它们进行人工分析与介入控制。因此，它们的行走速度并不像我们想象的那么快，但这并不影响它们开展工作。目前，玉兔二号已经累计行驶超过 1 600 m，成为现如今世界上走过最多月球路的“兔子”。

玉兔号有时会原地打转，好像一个找不到路的孩子。这其实是它在崎岖路面运动时的自我保护机制，通过在原地转圈变换行进方向，保持自身在月面运行的灵活性。

除此之外，原地转圈还是玉兔号被唤醒的标志。每当月夜离去，白昼到来，科学家将玉兔号从休眠中唤醒时，它便会在原地转圈向全世界宣告自己已经“起床”。

从玉兔号到玉兔二号，科学家们的每一步都是一次伟大的探索，它们不仅代表了人类对未知世界的追求，更体现了中国人对星辰大海未知的渴望和面对挑战的坚定信念。相较于回望过去，我们更应该畅想未来，期待更多中国航天器飞向更远的深空，去探索更多的未知，发现更多的可能，创造更多的中国奇迹。

10 太空中的“眼睛”

眼睛是心灵的窗户，太空是宇宙的窗口

人类在探索宇宙的过程中，总会仰望远方的星空，以获取某些神秘的信息。在深邃而壮观的宇宙中，繁星点点、银河璀璨，无数天体以各种方式释放出独特的光彩。为了更好地观测天文现象，人类就在天上装了神奇的“眼睛”。

其实，嫦娥探测器就是这样的“眼睛”，它主要靠月基光学望远镜和低频射电频谱仪进行天文观测。月基光学望远镜可以在近紫外波段对各种天体变源的亮度变化进行连续监测；而低频射电频谱仪可以接收低频电磁波信号，开展低频射电天文观测。这样，我们不仅可以看恒星、看地球，还可以研究黑洞，发现更复杂的天文现象。

嫦娥探测器还装了各种相机，粗略数一数携带的重要相机就有十多台，不仅可以 360°环绕拍摄，还可以准确避开障碍，实现“眼观六路，耳听八方”。

嫦娥探测器中的测月雷达，还可以对月面之下进行探测。它们发射的强电磁波，可以穿透月球物质，到达月球内部上百米的深度。通过接收和分析回波信号再输出图像，我们可以获得月壳浅层结构、月壤厚度等科学数据。

作为探测星空的使者，探测器永不孤单，它会有许多的合作伙伴，在科学家们的努力下共同开展探测之旅。正因为无数科学家的攻坚克难和接续奋斗，才创造出一个个太空奇迹。

11 鹊桥星座起 天堑变通途

有种中国式浪漫叫星辰大海，鹊桥常在

在古老的神话中，每年七夕，无数的喜鹊会在银河上搭起一座鹊桥，让牛郎和织女得以相会。如今，在我国探月工程中，一颗以“鹊桥”命名的中继星承载着这一美好寓意，浪漫而诗意地搭建起地月之间的桥梁，实现了“地月传书”。

鹊桥中继星个头不大，发射质量约为448 kg，“面子”不起眼但“里子”有内涵，40多万千米的通信距离，鹊桥中继星架起的是一座超长的“桥”。由于嫦娥四号计划着陆于月球背面，月球被地球潮汐锁定，地球上无法直接观测月背；嫦娥四号登陆月球背面，信号也会被月球所遮挡，就像两个人“隔山喊话”谁也听不见。鹊桥中继星，这个浩瀚宇宙中的信使，便作为通信“中转站”，为嫦娥四号与地面测控站之间建立通信链路。

L2

嫦娥四号选择月背着陆，就少不了中继星；有了中继星，必然要找到合适的地月引力平衡点。为此，科学家们经过反复测算、精心选点，最终决定把鹊桥“架”在地月拉格朗日 L2 点附近的 Halo 轨道上。这样的选址体现了中国航天人的智慧，一是 L2 点位于地球和月球两点连线的延长线上，且在月球一侧，使得鹊桥中继星有机会和地球、月球背面进行信息和数据交换；二是这里的光照条件好，**鹊桥中继星**很少被地球或月球遮挡；三是受地球和月球的影响小，鹊桥中继星长期运行所需轨道维持量较小，可以最大限度地节省燃料。

瞄向“月之背”的鹊桥带领我们走近月球那不为人知的一面，翻开了探索宇宙的新篇章。在鹊桥中继星的帮助下，“月之背”第一次迎来了人类探测器的造访。中国航天的浪漫就是一次次把神话变为现实，我们奔赴星辰，逐梦九天，向浩瀚的宇宙深处发问，在无垠的深空书写答案。

12 为什么人类要到月球“取宝”

太空寻宝，是一场持久的马拉松赛跑

从 1959 年苏联发射第一个月球探测器至今，人类共进行了约 130 次月球探测活动。通过开展遥感探测、原位探测和巡视探测，人们获得了丰富的月球数据，知道了宇宙的神秘活动和现象。但其实，月球上也可以“取宝”。月球上有何宝物？这些宝物就是——月球样品。从我国嫦娥系列月球探测器登陆月球开始，我国便在宇宙空间探测中获取了非常多的科学数据。既然这样的话，为什么还要实施月球采样任务，到月球上采集“宝物”带回地球呢？简单来说，通过“取宝”，我们能够对月球的形成和演化历程、月球结构、矿物与资源等有更深入的认识。

月球探测器只能携带具备最基础分析功能的少数几台科学设备，所以研究范围和深度受到了很大限制。但月球“取宝”就像一场马拉松赛跑，这一“取宝”返回任务包含了 11 个阶段，需要分工明确、各司其职，进行持久的仪器配合。嫦娥五号工程由探测器、运载火箭、发射场、测控与回收、地面应用五个系统组成。其中，嫦娥五号探测器由轨道器、着陆器、上升器和返回器组成，是前往月球采集月球样品的“突击队”。就像接力赛跑一样，嫦娥五号月球“取宝”团队通过“接力”的方式，把样品从月球送到地球。探测器主要负责采集月球样品和开展原位科学探测任务，而其他四个系统则负责其余的工作。

2020 年 12 月，我国嫦娥五号成功带回了 1 731 g 月球样品。这不仅显示出我国探索宇宙的决心，也证明了我国在宇宙中的“取宝”实力。

13 穿越太空 获取月球的礼物

机械臂探向月表，挖起属于中国的第一铲月壤

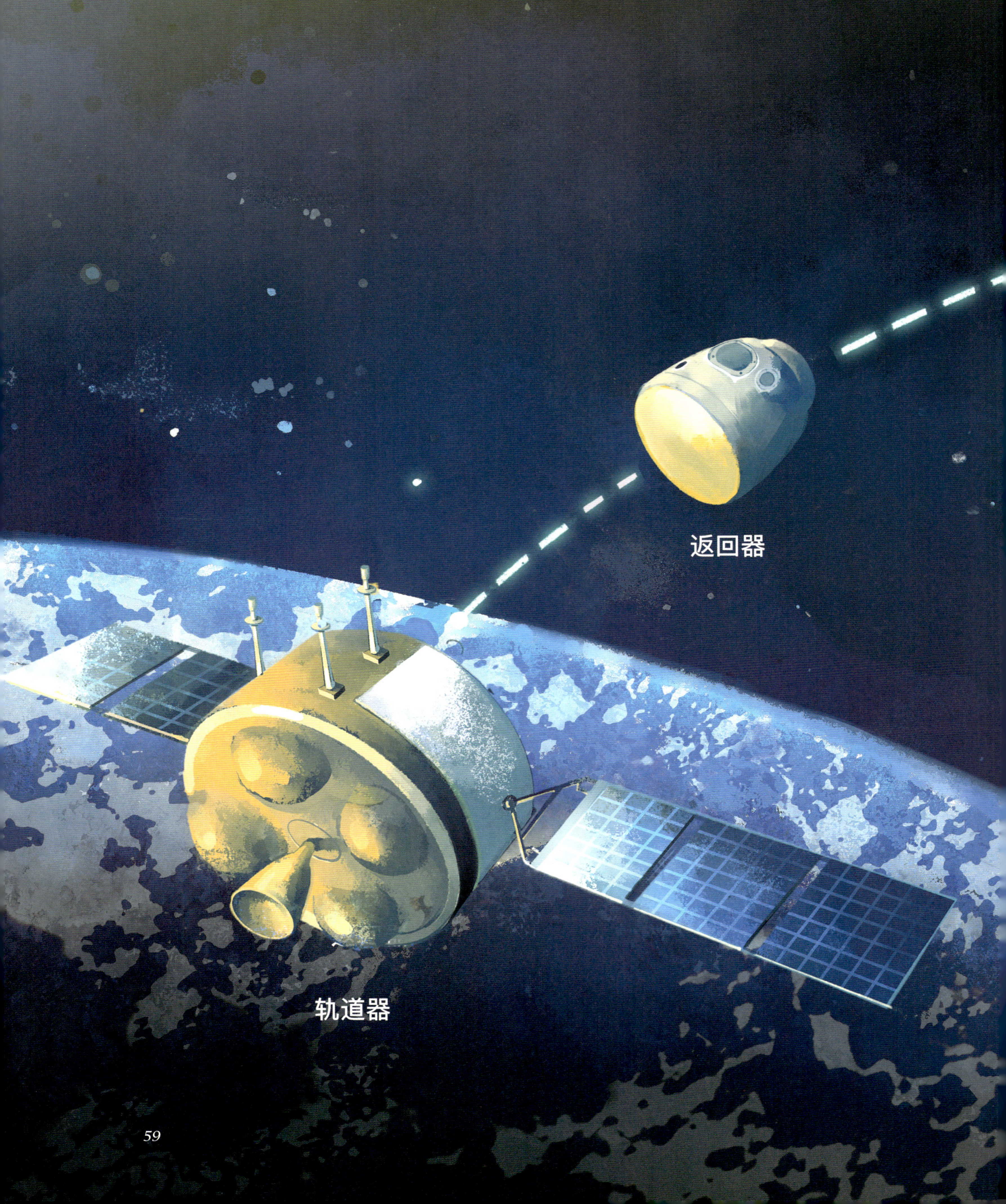

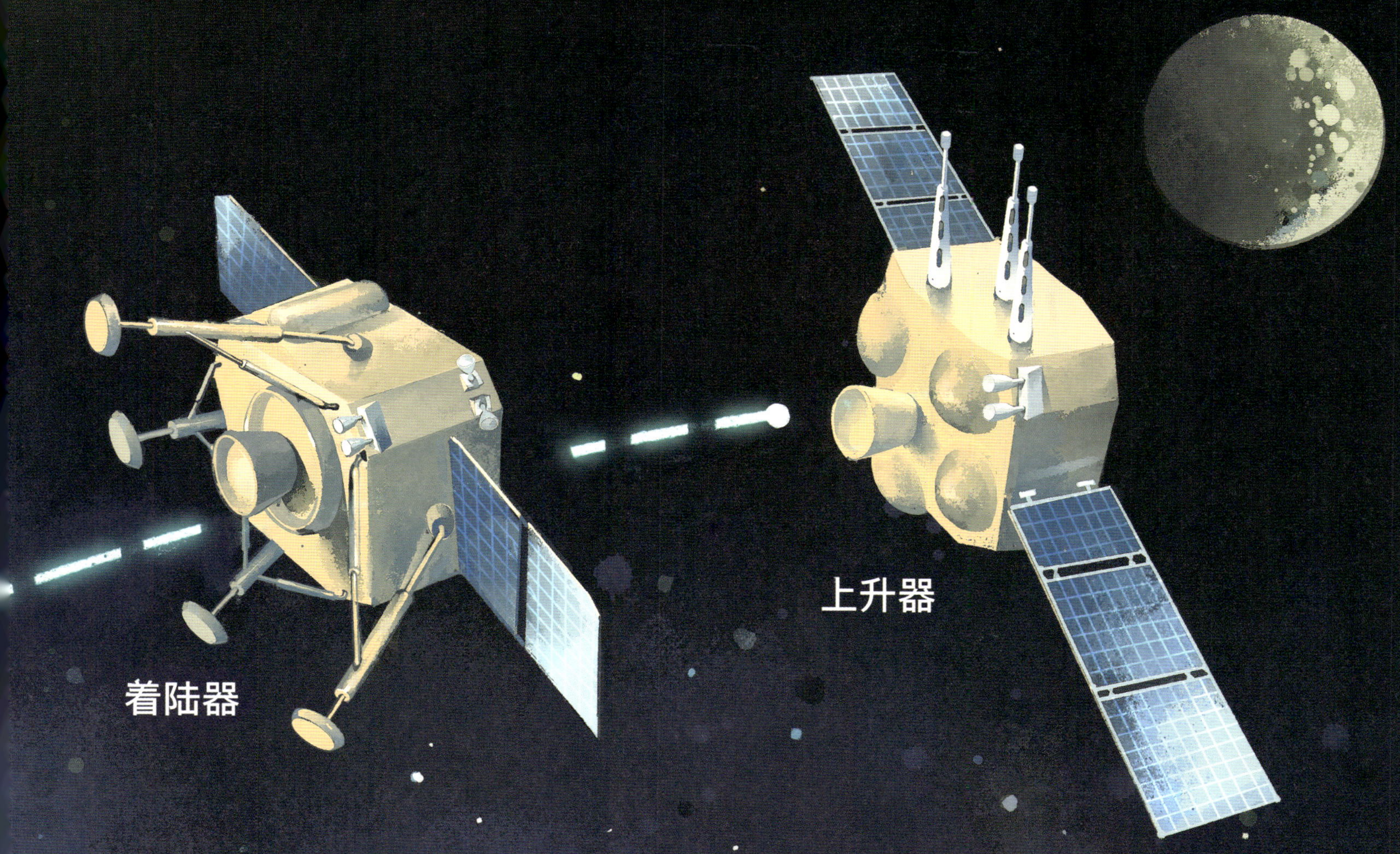

1976 年苏联月球 24 号完成月球采样返回任务后，人类有四十多年没有从月面采集过月壤和月岩。2020 年 11 月 24 日，我国探月工程中首个地月采样往返探测器嫦娥五号从地球出发，执行“绕、落、回”中的第三步任务。其中的关键任务就是实现月面无人采样并返回地球。

在精确计算和调控下，嫦娥五号沿着预设的轨道飞向月球。随后，嫦娥五号开始了紧张的月面工作，它采用钻取和表取相结合的方法，最大限度地获取月壤和岩石样品。“双管单袋”的钻进取芯方案，使嫦娥五号能够钻到月球表面以下，获得深层样品的层理信息。钻取到的月球样品进入取芯管后，取芯软袋拉绳随之上提，样品就被自动装进了软袋。

封装完成后，表取采样也开始有条不紊地进行。用于表取的机械臂臂杆长 3.7 m，由数十个关节组成，采样范围在 120° 的扇区，约 8 m^2 的月面。在指挥团队的指示下，机械臂探向月表，挖起了属于中国的第一铲月壤。

这些**月壤样品**，就像是一把钥匙，打开了一扇通向宇宙深处的门。这是中国航天科技的一大突破，也是人类探索宇宙奥秘的崭新一步。

14 星空下的回归之旅

我们需要为每一场升级打怪做好充分准备

探测器从飞向月球到返回蔚蓝星球，缓缓脱离月球引力，这是一场归家的壮丽之旅，每一步都充满着荆棘。探月工程三期，我国的返回器从月球返回了地球，克服了严峻的挑战。

第一场升级打怪，是**克服极端高温环境**。想象一下，在 3 000 ℃的极端高温环境下，一般设备能够撑过几秒钟？嫦娥五号返回器从月球返回地球过程中，以接近 11 km/s 的速度再入地球大气层，因气动加热导致返回器外部温度急剧升高。返回器要忍受 3 000 ℃左右的高温，其大底前端的气流温度甚至超过 10 000 ℃。在这样的严峻挑战下，科学家们想了许多办法，比如说采用烧蚀防热方案——将材料覆盖在返回器金属壳体外表面，形成烧蚀防热层，在高温环境下它“燃烧”自己，从而保证了返回器不被“烧坏”。

第二场升级打怪，是步入“黑障区”。在一定高温区域，高温使得返回器周围形成了“黑障区”（没有电磁信号、处于失联状态的区域）。它一般出现在地球上空 35～80 km 的区域，给实时通信和再入测量造成了困难。为此，科学家们使用延时控制指令，让返回器进入黑障区后仍可以沿着预先设计的弹道飞行。

第三场升级打怪便是确保月球样品不被污染。首先就要确保采样和封装过程不被污染；其次，通过二级密封封装确保月球样品返回地球时不会被污染；最后，在特定条件下进行月球样品的密封容器解封。

星空下的回归之旅，每一步都布满荆棘，而科学家们始终兢兢业业、迎难而上。这不仅是科学的探索，更是人类探索宇宙星空的耀眼篇章。

15 地月之间 奔月摆渡车使命必达

火箭是接力赛中的第一棒，必须跑好，卫星才能发挥作用

2007 年 10 月 24 日的中国西昌卫星发射中心，金色火焰映透山河，长征三号甲火箭拔地而起，这一盛况比任何科幻大片都更动人心魄。我国的探月征途中，由长征三号甲、长征三号乙和长征三号丙火箭构成的**长三甲“三兄弟”**书写了一次又一次的航天神话。

长三甲“三兄弟”中的大哥长征三号甲火箭，凭借其 100% 的发射成功率被授予“金牌火箭”称号，是让中国运载火箭技术迈上新台阶的“灵魂箭客”。“金牌火箭”问世于 1994 年，因搭载上百项新技术，可游刃有余地将 2.6 t 载荷送入地球同步转移轨道而声名大振。它的众多闪光点，也使其成为发射嫦娥一号的首选。

首先，长征三号甲火箭具有较高的可靠性，历经多次成功发射，表现稳定，在航天发射市场享有很高的声誉。其次，长征三号甲火箭具有强大的运载能力，能够让嫦娥一号获得足够的速度，并达到要求的轨道高度。此外，长征三号甲火箭的适应性强，可以适应各种类型的探测器发射需求。正是凭借这一系列无可比拟的优点，2007 年 10 月 24 日，在万众瞩目之下，长征三号甲火箭将我国首颗月球探测卫星嫦娥一号托举升空，为实现国人的千年梦想立下了汗马功劳。

CZ-3A
中国航天

为更加灵活地选用长征火箭，以经适应性更改后的长三甲运载火箭作为芯级，捆绑两枚液体燃料助推器而构成的长征三号丙运载火箭诞生了。2010 年 10 月 1 日，长征三号丙运载火箭将嫦娥二号卫星送入地月转移轨道，刷新了中国探月工程新高度，也创造了我国火箭首次将卫星直接送入地月转移轨道的新纪录。

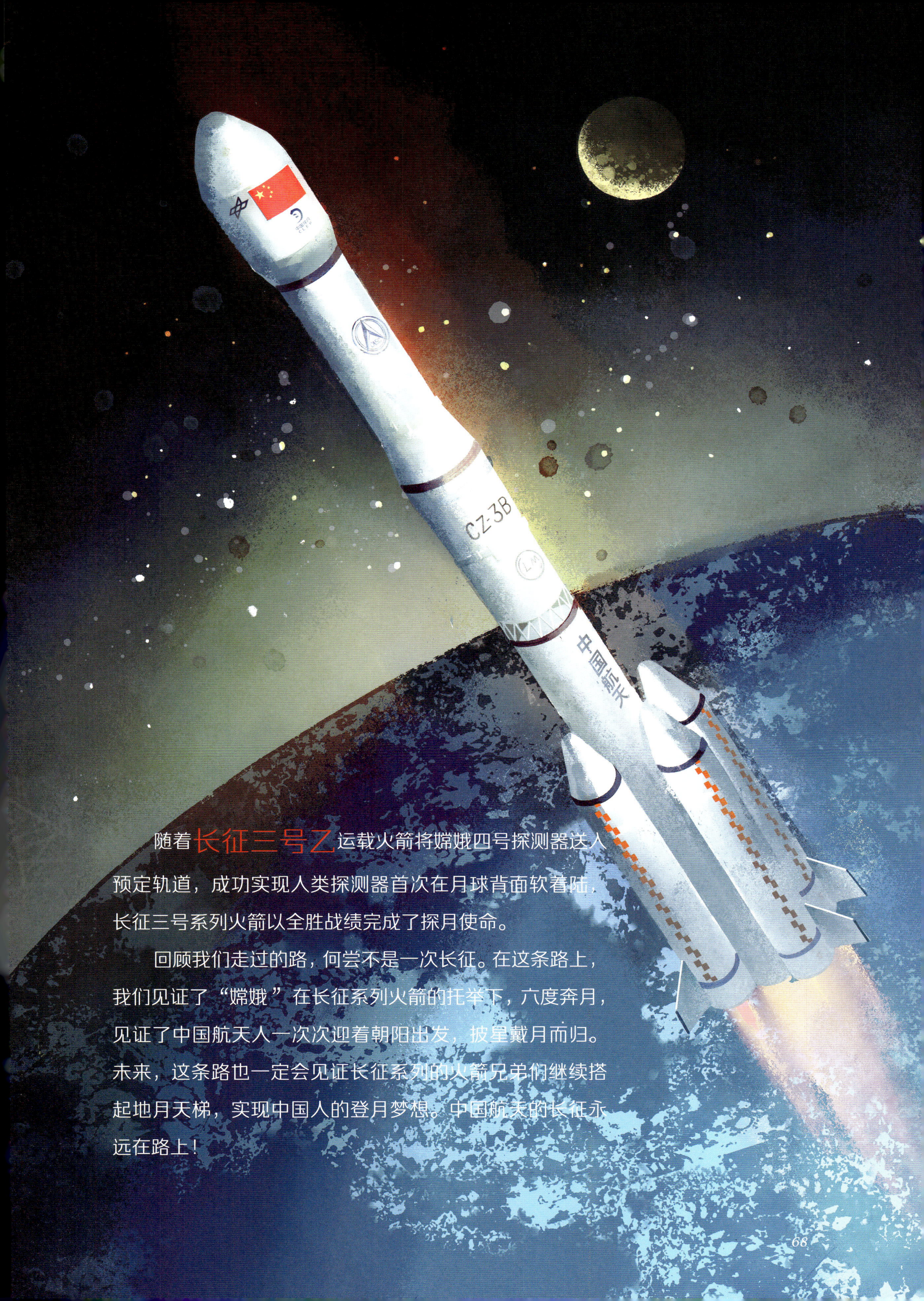

随着长征三号乙运载火箭将嫦娥四号探测器送入预定轨道，成功实现人类探测器首次在月球背面软着陆，长征三号系列火箭以全胜战绩完成了探月使命。

回顾我们走过的路，何尝不是一次长征。在这条路上，我们见证了“嫦娥”在长征系列火箭的托举下，六度奔月，见证了中国航天人一次次迎着朝阳出发，披星戴月而归。未来，这条路也一定会见证长征系列的火箭兄弟们继续搭起地月天梯，实现中国人的登月梦想。中国航天的长征永远在路上！

16 探月征程中的大力士

负重前行，只为探索那银河的魅力

人类从地球出发向月球的出征之旅，总是伴随着坚定的力量。从探月工程一期、二期到三期，中国在人类探月历史上一步一个脚印，走出了中国的速度和步伐。嫦娥五号月球探测器便是完成探月工程三期任务的勇士。嫦娥探月征途，离不开运载火箭的作用。要知道，嫦娥五号月球探测器质量达到了8.2 t，是嫦娥四号的两倍，所以，运载能力更强的“胖五”就登场了。之所以叫胖五，还真是太“胖”的缘故。实际上，它的学名叫作长征五号运载火箭。目前，作为中国新一代运载火箭中起飞规模最大、技术跨度最大、运载能力最强的火箭，长征五号运载火箭的起飞质量约为 870 t，高度约 57 m，近 20 层楼高。由于其“身宽体胖、力大超群”，所以就有了一个形象生动的昵称——胖五。

胖五有这么大的力气，首先归功于它有冲天能量的火箭发动机。其中，120 t 级的 YF-100 发动机是中国首台自主研制的、采用高压补燃循环方式的大推力液体火箭发动机。YF-100 发动机问世，使我国成为继俄罗斯之后，第二个掌握高压补燃液氧煤油发动机全部核心技术的国家，彰显出我国在科技实力和制造能力上的国际化水平。

YF-100 发动机

而长征五号在发射前，要乘着为它量身定制的“座驾”，安稳地转运到发射工位，这就是火箭的“转场”。只有转场成功，才能让大家一睹其风采。值得注意的是，在转运前，嫦娥五号探测器和长征五号火箭需要在技术区的厂房内吊装对接，它采用了一种全新的“新三垂”测试发射模式，可以让发射工位上的准备工作和时间大为减少。

中国探月
CLEP
中国航天
LONG MARCH

就这样，长征五号运载火箭载着嫦娥五号探测器，来到了海南文昌航天发射场。这里是纬度更低靠近赤道的地方，是发射空间站、深空探测器等大型航天器的不二之选，成为我国继酒泉、太原、西昌三大航天发射场之后的第四个专用于新一代运载火箭发射的基地。

长征五号运载火箭载着国人的希望和勇气前行，将我国航天事业发展的愿景投射到星空之中，谱写了一首技术创新的壮丽赞歌。正是由于对技术孜孜不倦的追求，我国才能够实现自主精准发射火箭，开启更多的新征程。

17 牧箭逐星 捕获来自深空的信息

探测器与深空测控网的关系，犹如船与灯塔、风筝与线

在我国东北、西部边陲的土地上，在南美巴塔哥尼亚高原上，一座座巨大的深空天线正向着浩瀚无垠的宇宙、向着遥远的月球接力工作，日夜探索。

这些分布于地面的深空测控站组成的测控网被称为深空测控网，主要用于深空探测器跟踪测量、监视控制、数据传输和信息交换。如果把嫦娥探测器比作风筝，那深空测控网就是紧紧连接它的那根“风筝线”，而在地面工作的测控科学家们就是**“牧星人”**。

2004 年 1 月，我国正式启动探月工程，拉开了深空探测的序幕。2007 年，为保障嫦娥一号任务的测控支持，我国在青岛、喀什测控站分别新建了一座 18 m 口径的测控天线，这也是我国深空测控网的雏形。

时间来到 2012 年，为满足数据通信更密集、实时性要求更高的嫦娥三号落月任务对深空探测硬件水平提出的新要求，我国在接近祖国“西极”的新疆喀什和接近祖国“东极”的黑龙江佳木斯，分别建设了一座深空测控站，至此，中国深空测控网已初具规模。然而，由于地球不停地自转，地面单个深空测控站最多只能实现 8～10 h 的通信，要想紧盯高速飞行的嫦娥探测器，就不得不在国外合适的区域再建一个深空测控站。于是，在探月工程三期中，位于阿根廷的深空测控站应运而生，从而形成了我国功能体系完备、全球布局的深空测控网。

作为支撑国家重大航天工程任务的重要基础设施，中国深空测控网虽起步较晚，但在短短十几年间从无到有，覆盖率与性能从近乎为零跃升至世界前列，相继支持了嫦娥二号、嫦娥三号、嫦娥四号的任务实施，同时也为我国其他各类重大航天工程提供了测控服务。丈量我国深空测控网的作用距离：月球探测 38 万千米、图塔蒂斯小行星光学成像 700 万千米、火星探测 4 亿千米…… 中国航天正依靠自己的力量，走出一条独具特色的“挑战不可能”之路。载人登月、月球科研站、木星以及更远天体的探测……我国测控通信技术还将走向更远的深空，中国人迈向“星辰大海”的脚步也将不断延伸。

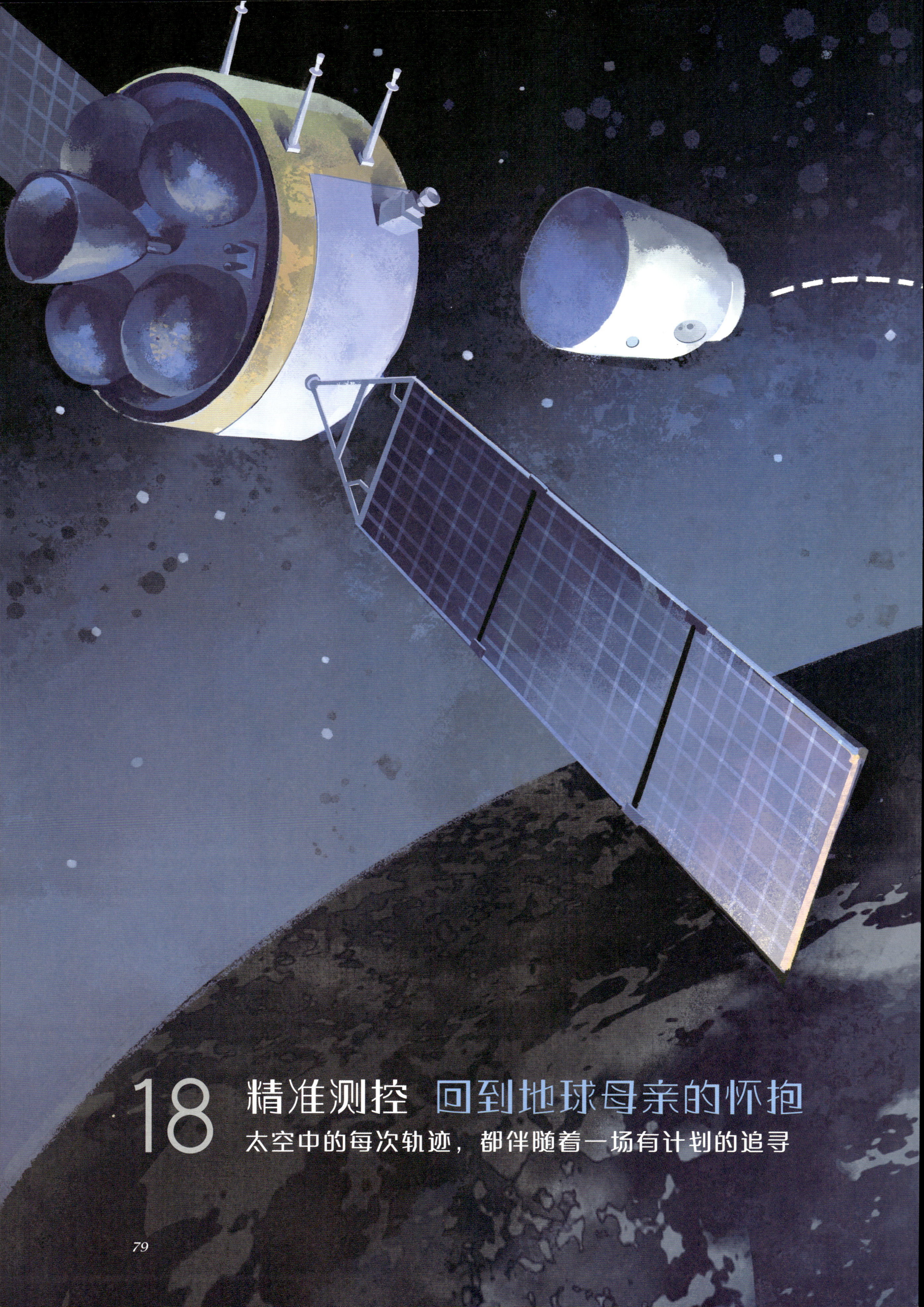

18 精准测控 回到地球母亲的怀抱

太空中的每次轨迹，都伴随着一场有计划的追寻

就像远行的孩子眷恋着家的方向一样，嫦娥五号环月使命完成后，便转身踏入了归途，开启了回到地球怀抱的惊险旅程。归途不易，它在经过三次中途修正后，在距离地球约 5 000 km 高空处，让返回器与轨道器分离，返回器采用半弹道跳跃再入方式进入大气层，最终在内蒙古四子王旗预定着陆区着陆。

为了实现高速再入的返回器的可靠跟踪与测控，我国的科学家们构建了连续覆盖的测控网络，确保测控的全覆盖和关键阶段的跟踪测量。同时为了应对夜间情况复杂的气象环境，科学家们在着陆场配备了多架直升机，分别承担起指挥、通信和搜索功能任务，实现快速机动搜索；配备了航空型探照灯和光学设备，使用红外成像和微光成像等功能为返回器“打光”。最终，嫦娥五号返回器于 2020 年 12 月 17 日，在距离地面约 10 km 高度时，降落伞开伞，成功着陆于四子王旗着陆场。

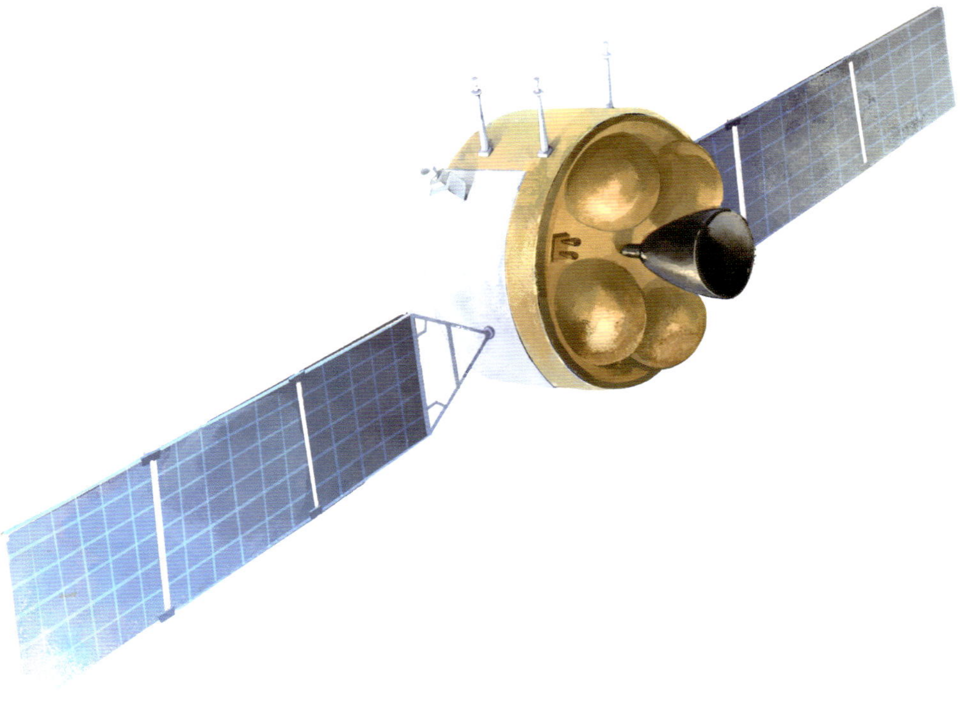

嫦娥五号返回中

嫦娥五号成功地返回地球母亲的怀抱，完成了“绕、落、回”的神圣使命，也在太空的航道上留下了灿烂的中国轨迹。

19 样品变身 定格月球之美

在实验室的每一步，都只为发挥出它的价值

人类为了探索宇宙，有时候会去宇宙中“取宝”。从宇宙中带回来的这些“宝贝”十分珍贵，它们不是简单地被收藏起来，而是在科学家们的精心呵护中，发挥出最大的价值。

2020 年 12 月，嫦娥五号返回器从月球带回了 1731g 月球样品。这些珍贵的月球物质已经在月球表面的真空环境中存在了几十亿年，具有极高的科学研究价值。但如何才能让它们发挥出这个价值呢？科学家们特意为月球样品找了一个“家”。

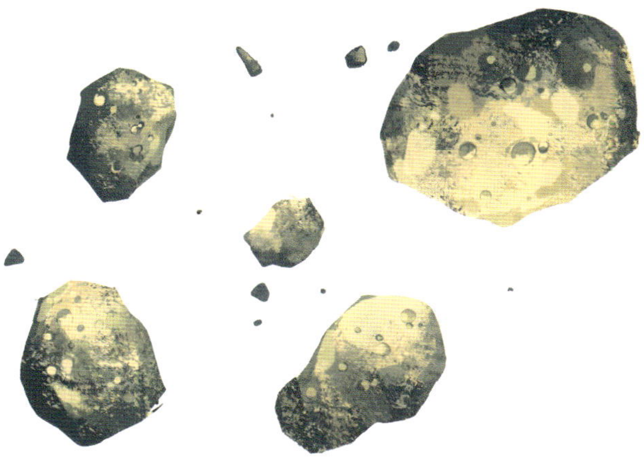

嫦娥五号带回的月球样品

2020 年 12 月 19 日，嫦娥五号带回的月球样品正式落户探月工程地面应用系统的大本营，即位于北京的中国科学院国家天文台。在这里，科学家们可以对月球样品进行进一步的研究工作。事实上，接收到样品罐子后，就面临着重大问题，即解封在月表真空环境下封装的罐子。因为月球样品是在月球的真空环境下进行采集和封装的，因此解封也得在真空环境下进行，这样才能让样品罐子的内外压力保持平衡，并打开罐子盖体。这就代表着需要在没有水、没有氧气、没有有机

气体的高真空环境中才能进行处理，也只有这样才能够确保样品不会受到污染。

真空环境中的月球样品

月球样品里面又有什么物质？有人说有玻璃在里面，这好像是一个奇怪的回答，但科学家们说，确实有。不过这并不是我们日常生活中看到的人造玻璃，而是在月球漫长的演化过程中，经过高温熔融和快速冷却等过程自然形成的，也有可能是来自月球火山喷发以及别的天体高速撞击月球表面而形成的，具有特殊的材质和结构的玻璃质。这种玻璃质有黑色、褐色、绿色、白色和黄色等各种颜色。

玻璃质样品

在这种干燥、高纯氮气环境下取出来的样品，还要进行收集、分类、分样、编目和记录等初步处理，然后把它们进行永久性存储或临时性存储，再进行样品的分发。除了保存在国家天文台的实验室之外，样品还会借给相关科研机构、高等院校等，以便于开展更加深入的科学研究。

从月球上采集的样品形成的各类科学成果，在人类对宇宙的科学探索中留下了浓墨重彩的一笔。月球样品的实验室研究，能够深化人类对月球的起源、演化方面的认识。

20 见证探月脚步 月球上的中国印记

如今我们抬头望月，满是中国人独有的浪漫

虽然直到 20 世纪人类才把探测器送上月球，但给这些地理实体起名的历史可以追溯到 17 世纪。1609 年伽利略自制望远镜对月球进行了观察，并亲手绘制了第一幅月面图，在图上，他用自己家乡的亚平宁山脉为月球最大的山脉命名。从那时起，科学家们就开始给月球上的地理实体命名，但由于各国科学家之间缺乏交流且没有统一的规则，不可避免地出现了多个月球命名系统的混乱现象。

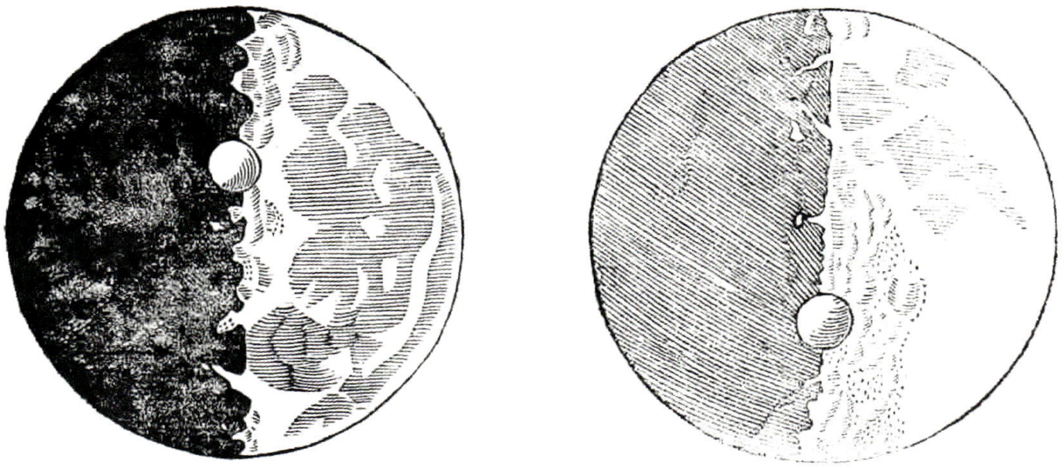

伽利略手绘月面图

直到 1919 年，国际天文学联合会（简称 IAU）在比利时布鲁塞尔成立，这种各自命名的局面才被改变。经过几十年的发展和修订，IAU 逐步制定出了一套月球地理实体的命名程序和规则。

截至 2021 年底，月球上已经有 9 000 多个地理实体拥有了自己的地球名字，其中，以中国元素命名的月球地理实体有 36 个。除了我国自主申报的命名，还有一些是 IAU 考虑到月球地名的文化多样性原则，选择中国的杰出科学家以及与月球文化相关的人物来命名，如：张衡环形山、祖冲之环形山等。

2010 年我国利用嫦娥工程影像数据首次申报“月球地理实体命名”，获得了国际天文学联合会批准，将月面三个撞击坑分别命名为“蔡伦”“毕昇”和“张钰哲”，实现了我国月球探测工程科学应用成果在月球地理实体命名上零的突破。

蔡伦撞击坑

毕昇撞击坑

张钰哲撞击坑

而距今最近的一次自主申报，是在 2020 年 12 月，嫦娥五号完成从月球采样返回的壮举后，我国一次获批了 8 个月球地名，分别是天船基地、华山、衡山、裴秀、沈括、刘徽、宋应星、徐光启。其中，天船是中国古代天文学的星官名之一，又有“在银河中航行的船舶”之意，体现了中国传统文化与现代科技的完美结合。

月球地理实体命名不只是为了方便定位，还从侧面体现了一个国家的综合实力和科学技术发展水平。从前的中国人抬头望月，满天都是神话故事，承载着他们对太空的想象与发问。而如今的我们抬头望月，神话已逐渐成为现实，满是中国人独有的浪漫。

中国探月永不止步

“嫦娥工程”的第二阶段已经启动

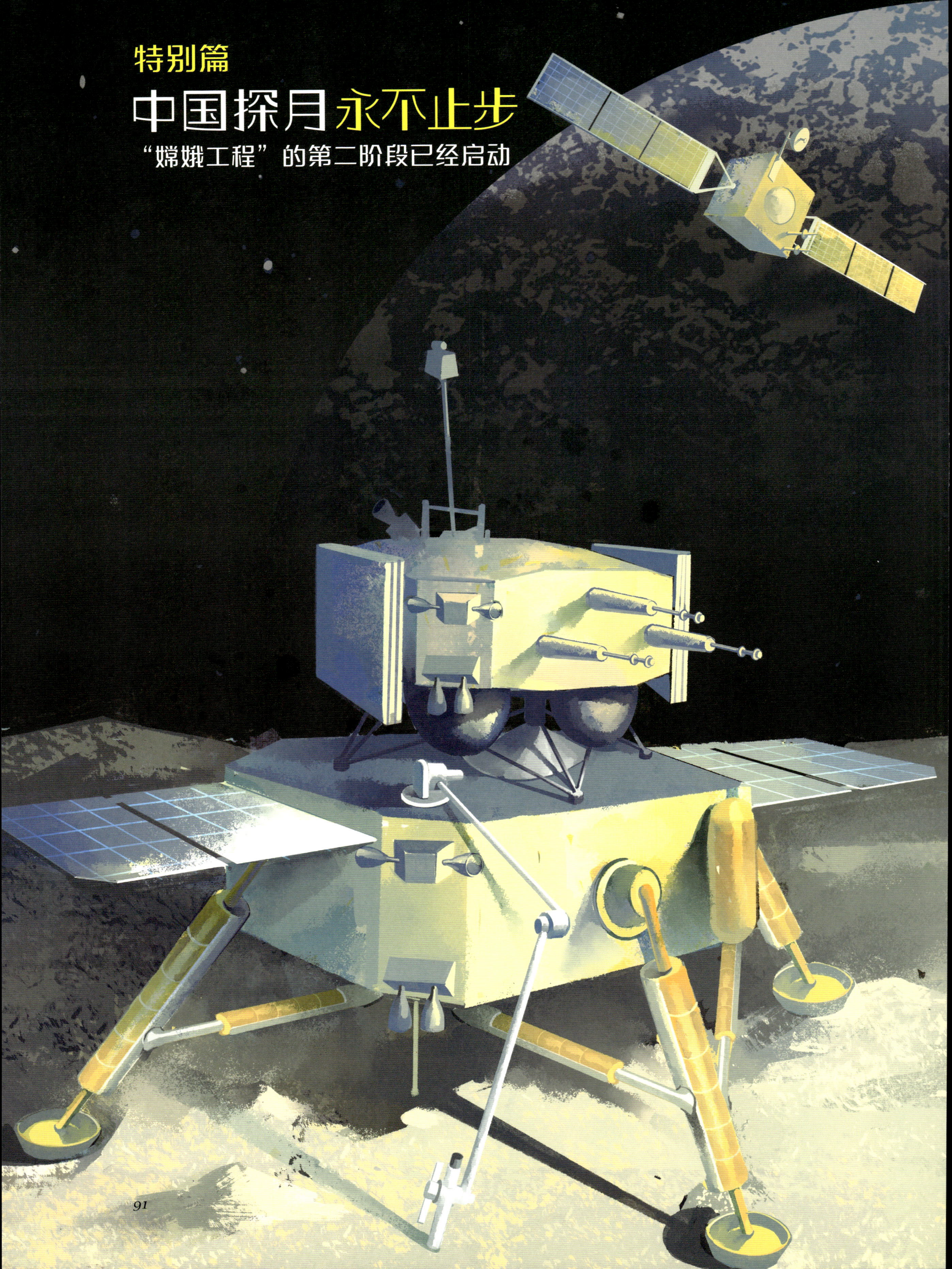

“嫦娥工程”对中国人有着神圣而浪漫的意义——不只代表着我国开展月球探测的科技实力，也呼应着中华民族向往千年的奔月梦想。

从 2004 年至今，“嫦娥工程”已经走过 20 年的寻梦征程。本书写于中国正式开展月球探测工程 20 周年之际，着眼于中国探月实绩，介绍了中国探月从零开始，发展到举世瞩目的非凡历程。

习近平总书记说：“探索浩瀚宇宙，发展航天事业，建设航天强国，是我们不懈追求的航天梦。”从“奔月”到“揽月”，中国探月工程是国家实力、民族精神、科技水平的综合体现。当我们跟随中国探月的步伐踏上月球的吕姆克山脉，当我们采集的月壤与多个国家共享……我们的“嫦娥”带着和平而来。在跟跑—并跑—领跑的人类探月历程中，中国探月走出了“和平使用月球资源”的示范性的一步。在不久的未来，中国探月工程必将载着中国人民的航天梦，飞向更深更远的浩瀚宇宙。

中国探月
CLEP
中国航天

图书在版编目（CIP）数据

九天揽月：中国探月 20 周年纪念 / 郭修远，高磊，帅智康编著；马超民，张极，杨舒然绘 .-- 长沙：湖南大学出版社，2025.6.-- ISBN 978-7-5667-4205-6

Ⅰ. V1

中国国家版本馆 CIP 数据核字第 202537HY50 号

九天揽月——中国探月 20 周年纪念

JIUTIAN LANYUE —— ZHONGGUO TAN YUE 20 ZHOUNIAN JINIAN

编　　著： 郭修远　高　磊　帅智康

绘： 马超民　张　极　杨舒然

责任编辑： 卢　宇　刘　旺　何　洁

装帧设计： 贺红梅

印　　装： 长沙新湘诚印刷有限公司

开　　本： 710 mm × 1000 mm　1/8　　**印　　张：** 12.5　　**字　　数：** 106 千字

版　　次： 2025 年 6 月第 1 版　　**印　　次：** 2025 年 6 月第 1 次印刷

书　　号： ISBN 978-7-5667-4205-6

定　　价： 98.00 元

出 版 人： 李文邦

出版发行： 湖南大学出版社

社　　址： 湖南 · 长沙 · 岳麓山　　**邮　　编：** 410082

电　　话： 0731-88822559（营销部）　88821315（编辑部）　88821006（出版部）

传　　真： 0731-88822264（总编室）

网　　址： http://press.hnu.edu.cn